Pronti per Tutto: Guida Completa alla Gestione delle Emergenze Domestiche

Premessa:

Perché prepararsi a tutto?

Prepararsi a tutto è fondamentale in un mondo in cui i cambiamenti climatici e l'ingegneria climatica stanno diventando realtà sempre più presenti.

Con il controllo artificiale del tempo e l'uso di tecnologie per manipolare il clima, come la geoingegneria e altre tecniche avanzate, si sta modificando il naturale equilibrio dell'ambiente, creando condizioni inedite e imprevedibili.

Questi interventi, spesso progettati per mitigare il riscaldamento globale o gestire eventi climatici estremi, possono tuttavia avere effetti collaterali imprevisti.

Ad esempio, la manipolazione del clima potrebbe causare tempeste, alluvioni, siccità o fenomeni meteorologici anomali in zone dove prima erano rari o assenti.

Avere un piano di emergenza domestico ben strutturato diventa così una necessità, perché gli eventi avversi non sono più del tutto naturali e, quindi, potrebbero colpirci con meno preavviso. Essere preparati significa non solo affrontare eventi che conosciamo, come blackout o incendi, ma anche adattarsi a nuove emergenze potenzialmente scatenate da interventi artificiali sul clima.
Di fronte à un futuro in cui l'imprevedibilità climatica potrebbe aumentare, la prevenzione diventa la prima e più importante forma di protezione.
Non possiamo controllare tutto, ma possiamo controllare il nostro livello di preparazione.

Buona Lettura
Simone Azzurri

==============

Capitolo 1: Introduzione alle Emergenze Domestiche

Definizione di emergenza domestica

Perché è importante essere preparati

Esempi comuni di emergenze domestiche (blackout, alluvioni, incendi, guasti idraulici)

Capitolo 2: Creare un Piano di Emergenza per la Famiglia

Comunicazione e responsabilità tra i membri della famiglia

Creare punti di incontro in caso di evacuazione

Simulazioni e prove di emergenza

Capitolo 3: Kit di Emergenza: Cosa Dovrebbe Contenere

Gli elementi indispensabili di un kit di emergenza (torce, batterie, acqua, cibo non deperibile, farmaci)

Dove conservare il kit e come aggiornarlo regolarmente

Strumenti utili per ogni tipo di emergenza

Capitolo 4: Blackout Elettrico: Come Gestirlo

Cosa fare immediatamente durante un blackout
Come proteggere i dispositivi elettronici e gli elettrodomestici
Soluzioni alternative per illuminazione e riscaldamento

Capitolo 5: Inondazioni e Perdite d'Acqua

Come prevenire allagamenti in casa
Cosa fare in caso di inondazione
Come gestire i danni causati dall'acqua

Capitolo 6: Incendi Domestici: Prevenzione e Reazione Rapida

Prevenire incendi elettrici e di gas
Uso corretto degli estintori e allarmi anti-incendio

Piano di evacuazione in caso di incendio

Capitolo 7: Guasti Idraulici: Come Affrontarli

Cosa fare in caso di rottura di tubi o perdite
Strumenti di emergenza per guasti idraulici
Quando chiamare un professionista

Capitolo 8: Protezione da Intrusi: Sicurezza Domestica

Sistemi di sicurezza e allarmi
Come mettere in sicurezza le porte e le finestre
Misure di sicurezza personali durante un'intrusione

Capitolo 9: Rischi Ambientali: Tempeste, Terremoti e Altri Disastri Naturali

Prepararsi a tempeste e fenomeni meteorologici estremi
Come reagire durante un terremoto

Cosa fare dopo un disastro naturale

Capitolo 10: Gestire l'Emergenza Psicológica
Come mantenere la calma durante un'emergenza
Tecniche di gestione dello stress in situazioni di panico
Come supportare la tua famiglia durante una crisi

Iniziamo con le basi e il Capitolo 1
Introduzione alle Emergenze Domestiche
Le emergenze domestiche sono eventi imprevisti che possono mettere a rischio la sicurezza della tua casa e delle persone che ci vivono.
Si tratta di situazioni che richiedono una risposta rapida e possono includere guasti elettrici, perdite d'acqua, incendi, terremoti o intrusioni.

Anche se alcuni di questi eventi possono sembrare rari, altri possono capitare più spesso di quanto si pensi, rendendo indispensabile essere preparati.
Molte persone tendono a sottovalutare la probabilità di un'emergenza domestica fino a quando non ne affrontano una. Senza una preparazione adeguata, anche una situazione che potrebbe essere facilmente gestita si trasforma in un disastro, causando danni economici o mettendo a rischio l'incolumità delle persone.
L'obiettivo di questo libro è aiutarti a capire i rischi potenziali e a prepararti in modo efficace, in modo da sapere sempre cosa fare di fronte a un'emergenza.
Essere preparati significa avere un piano chiaro e gli strumenti giusti per reagire con prontezza e ridurre al minimo i danni.

Sapere come comportarsi in caso di emergenza non solo ti permette di risparmiare tempo prezioso, ma riduce anche lo stress e la confusione che spesso accompagnano queste situazioni. Inoltre, la preparazione offre un grande vantaggio psicologico: sapere di avere tutto sotto controllo ti consente di affrontare le difficoltà con maggiore serenità.

La preparazione, però, non è solo una questione di risposta rapida. Molte emergenze domestiche possono essere prevenute attraverso azioni semplici e accorgimenti pratici.

Ad esempio, controllare regolarmente gli impianti elettrici e idraulici, installare rilevatori di fumo e fare scorte di materiali utili in caso di emergenza sono passaggi fondamentali per evitare che piccoli problemi si trasformino in grandi disastri.

Le emergenze domestiche possono presentarsi in molte forme. Un blackout elettrico, ad esempio, può lasciarti senza illuminazione e senza accesso agli elettrodomestici per ore o addirittura giorni.

Senza un piano, gestire un blackout può essere complicato, specialmente in caso di necessità prolungata di energia elettrica.

Un'altra emergenza comune è rappresentata dalle perdite d'acqua, che possono derivare da un tubo rotto o da una falla nell'impianto idraulico.

Se non affrontate tempestivamente, queste perdite possono causare danni strutturali alla casa.

Anche gli incendi domestici rappresentano una minaccia reale e possono essere scatenati da malfunzionamenti elettrici, fughe di gas o disattenzioni in cucina.

Avere estintori a portata di mano, sapere come utilizzarli correttamente e avere un piano di evacuazione chiaro può fare la differenza tra una tragedia e un incidente gestito con successo.
Essere pronti ad affrontare emergenze non significa aspettarsi il peggio, ma avere la sicurezza di poter proteggere ciò che ti è più caro, riducendo l'impatto che eventi imprevisti potrebbero avere sulla tua vita.

Capitolo 2: Creare un Piano di Emergenza per la Famiglia

Avere un piano di emergenza familiare ben definito è essenziale per affrontare qualsiasi imprevisto in modo coordinato e sicuro.
Le emergenze domestiche possono verificarsi in qualsiasi momento, e quando accadono, il tempo è cruciale. Sapere esattamente cosa fare, dove andare e come comunicare con i propri cari può fare la differenza tra una gestione ordinata della situazione e un caos totale.

Il primo passo per creare un piano efficace è coinvolgere tutta la famiglia. Ogni persona deve essere consapevole del proprio ruolo in caso di emergenza e sapere quali azioni compiere.
Questo processo dovrebbe includere la suddivisione di responsabilità: chi si occupa di chiamare i servizi di emergenza, chi controlla che tutti siano al sicuro, chi si occupa di disattivare eventuali impianti per prevenire ulteriori danni.
Ognuno dovrebbe avere un compito specifico, così da evitare confusione nei momenti critici.
La comunicazione è uno degli aspetti più importanti del piano. In caso di emergenza, è possibile che la famiglia si trovi separata in punti diversi della casa o addirittura all'esterno.
Stabilire un metodo sicuro per rimanere in contatto è essenziale.
Un'opzione è designare un luogo sicuro e facilmente raggiungibile come punto di incontro per tutti.

Potrebbe essere il giardino, un'area nelle vicinanze della casa o persino una stanza interna particolarmente sicura. L'importante è che ogni membro della famiglia sappia dove andare in caso di emergenza.

Oltre ai punti di incontro, è importante avere un piano di evacuazione.

Sapere quali sono le vie di fuga più sicure in caso di incendio, terremoto o altra emergenza può salvare vite.

Ogni stanza dovrebbe avere un'uscita pianificata, che potrebbe includere porte, finestre o altre vie d'uscita di emergenza.

È fondamentale assicurarsi che ogni membro della famiglia sappia come utilizzare queste uscite in sicurezza.

Infine, una parte spesso trascurata del piano di emergenza è la simulazione.

Non basta avere un piano scritto; è necessario metterlo in pratica regolarmente per essere sicuri che tutti siano a proprio agio con i propri compiti e sappiano come muoversi in caso di emergenza reale.

Organizzare simulazioni periodiche aiuta a verificare che il piano funzioni e consente di apportare eventuali modifiche in base a nuove esigenze o cambiamenti nella casa.

Un piano di emergenza familiare non solo garantisce che ognuno sappia cosa fare in caso di crisi, ma rafforza anche la sensazione di sicurezza.

Sapere di avere una strategia chiara può ridurre lo stress e l'ansia che spesso accompagnano le situazioni di emergenza, permettendo a tutta la famiglia di affrontare l'imprevisto con maggiore calma e lucidità.

Capitolo 3: Preparare un Kit di Emergenza Completo

Quando si parla di emergenze domestiche, uno degli aspetti più cruciali è avere un kit di emergenza ben fornito e sempre a portata di mano.

Un kit di emergenza non è solo un insieme di oggetti utili, ma una vera e propria ancora di salvezza che può fare la differenza tra una situazione pericolosa e una risolta in modo sicuro. Preparare un kit completo richiede pianificazione e cura, poiché deve includere tutto ciò che potrebbe servire a te e alla tua famiglia per affrontare un'ampia gamma di emergenze.

Un kit di emergenza deve essere progettato per coprire i bisogni di base per almeno 72 ore, che è il tempo generalmente necessario affinché i servizi di soccorso o di ripristino siano in grado di intervenire durante situazioni di crisi.

Questo kit dovrebbe essere facilmente accessibile e collocato in un luogo noto a tutti i membri della famiglia, preferibilmente vicino a un'uscita di emergenza o in una zona della casa che rimane sicura durante i disastri come terremoti, incendi o inondazioni.

La prima cosa da considerare nella preparazione di un kit di emergenza è l'acqua.
L'acqua è essenziale per la sopravvivenza e in caso di emergenza potresti ritrovarti senza accesso a fonti idriche sicure.
È importante avere scorte sufficienti di acqua potabile per almeno tre giorni, calcolando circa quattro litri per persona al giorno.
Questo dovrebbe coprire sia le necessità di bere sia quelle di igiene personale.
Inoltre, è utile avere a disposizione sistemi di purificazione dell'acqua, come pastiglie o filtri portatili, nel caso in cui sia necessario ricorrere a fonti d'acqua non sicure.
Un altro elemento fondamentale è il cibo.
I cibi non deperibili sono essenziali in un kit di emergenza.

Opta per alimenti a lunga conservazione che non richiedano cottura o refrigerazione, come barrette energetiche, frutta secca, conserve di verdure e legumi o cibi in scatola.
Assicurati di avere un apriscatole manuale nel kit, in caso di mancanza di elettricità.
È importante anche tenere conto delle esigenze dietetiche di tutti i membri della famiglia, come allergie o intolleranze alimentari, per garantire che ciascuno abbia accesso a cibi sicuri.
Oltre ai bisogni primari come cibo e acqua, il kit deve includere strumenti utili per affrontare qualsiasi situazione.
Una torcia con batterie di ricambio è indispensabile, poiché molte emergenze comportano interruzioni di corrente.
Avere una radio a batterie o a manovella ti permetterà di rimanere aggiornato sulle comunicazioni ufficiali riguardanti la situazione di emergenza e le istruzioni di evacuazione.

È anche essenziale avere strumenti come un coltello multiuso, un set di chiavi per chiudere o aprire impianti di gas o acqua, e nastri isolanti per eventuali riparazioni temporanee.

Non bisogna dimenticare l'aspetto medico.

Un kit di pronto soccorso ben fornito è essenziale per trattare ferite, tagli o contusioni che potrebbero verificarsi durante un'emergenza.

Il kit dovrebbe includere bende, garze sterili, cerotti, disinfettante, forbici, guanti in lattice, una coperta isotermica e farmaci per il trattamento di emergenze comuni, come antidolorifici o antistaminici.

Se qualcuno in famiglia ha necessità mediche particolari, come farmaci prescritti da assumere regolarmente, assicurati di includerli nel kit, insieme a una scorta sufficiente per almeno tre giorni.

Nel kit di emergenza dovrebbero essere incluse anche alcune forniture igieniche di base.

Salviette umidificate, carta igienica, sacchetti di plastica e prodotti per l'igiene personale come saponi o gel disinfettante sono elementi utili per mantenere un livello di pulizia adeguato anche durante un'emergenza prolungata. Questo aspetto non solo aiuta a preservare la salute, ma anche il morale, soprattutto in situazioni di grande stress.

Un aspetto spesso trascurato è la necessità di documenti importanti.
In un'emergenza potrebbe essere necessario evacuare rapidamente la casa, lasciando dietro di sé tutto ciò che non è strettamente necessario.

Tuttavia, alcuni documenti come carte d'identità, polizze assicurative, documenti bancari o certificati di proprietà sono cruciali per la tua sicurezza e quella della tua famiglia.
Preparare una copia di questi documenti, sia in formato cartaceo che digitale, e conservarla in una busta impermeabile o in una chiavetta USB potrebbe rivelarsi vitale in caso di perdita di accesso alla casa o durante l'evacuazione.
Oltre ai beni materiali, il kit di emergenza dovrebbe includere oggetti per il comfort psicologico, soprattutto se hai bambini.
Giochi, libri, quaderni per colorare o altri piccoli oggetti di intrattenimento possono aiutare a ridurre l'ansia e lo stress durante un'emergenza prolungata.
Per gli adulti, avere una piccola scorta di denaro in contanti può essere utile nel caso in cui i servizi bancari o i pagamenti elettronici non fossero disponibili.
Mantenere il kit aggiornato è un altro aspetto importante della preparazione.

Gli alimenti, l'acqua e alcuni medicinali hanno una data di scadenza e devono essere sostituiti regolarmente. Inoltre, i cambiamenti nelle esigenze familiari potrebbero richiedere l'aggiornamento del kit, come nel caso dell'arrivo di un nuovo membro della famiglia o di una variazione nelle condizioni di salute di qualcuno.

È buona norma controllare il kit almeno una volta all'anno, verificare che tutto sia in ordine e rimpiazzare ciò che è scaduto o usurato.

In conclusione, un kit di emergenza ben organizzato e aggiornato è una componente chiave per affrontare qualsiasi crisi con serenità.

Sapere di avere tutto il necessario per proteggere la tua famiglia e gestire le prime 72 ore di un'emergenza ti dà sicurezza e tranquillità, consentendoti di agire con chiarezza e determinazione. Preparare il kit è un piccolo sforzo che può garantire una grande differenza nel momento del bisogno.

Capitolo 4: Strategie di Evacuazione Sicura

Durante un'emergenza, sapere come e quando evacuare può salvare vite.

Una delle prime cose da considerare nel prepararsi a qualsiasi tipo di emergenza è la pianificazione di una strategia di evacuazione sicura.

Quando ci si trova di fronte a eventi come incendi, alluvioni, terremoti o altre situazioni che mettono a rischio la sicurezza della casa, avere un piano di evacuazione pronto e conosciuto da tutti i membri della famiglia è fondamentale.

In questo capitolo esploreremo i passi principali per pianificare una fuga sicura e senza intoppi, garantendo che tutti sappiano come comportarsi nel momento di una crisi.

La prima cosa da fare è identificare le vie di uscita più sicure dalla tua casa. Ogni stanza dovrebbe avere almeno due percorsi di evacuazione, se possibile.

In genere, queste includono la porta principale o secondaria, ma in situazioni estreme potrebbero essere necessarie finestre o uscite di emergenza.

Se la tua casa ha più piani, considera anche l'uso di scale di emergenza per permettere una discesa sicura da finestre al piano superiore.

È importante che ogni membro della famiglia, anche i bambini, sappia dove si trovano queste uscite e come utilizzarle in modo rapido e sicuro.

Una volta identificate le vie di fuga, è essenziale stabilire dei punti di raccolta esterni dove tutti i membri della famiglia si possano incontrare dopo l'evacuazione.

Questo aiuta a verificare rapidamente se qualcuno è rimasto indietro o ha bisogno di assistenza.

Il punto di raccolta dovrebbe essere sicuro, facilmente accessibile e a una distanza adeguata dalla casa per evitare pericoli come incendi, crolli o altre minacce imminenti.

Potrebbe essere un giardino, il cortile di un vicino, o una piazza poco distante.
Assicurati che tutti sappiano dove si trova questo luogo e che ci si possa arrivare anche in condizioni di visibilità ridotta o sotto stress.
Durante l'evacuazione, è cruciale mantenere la calma.
Anche se la situazione sembra disperata, il panico può portare a decisioni sbagliate e pericolose.
Pianificare in anticipo e fare prove periodiche aiuta a creare un certo automatismo nei comportamenti, riducendo lo stress quando si verifica un'emergenza reale.
Partecipare a simulazioni di evacuazione con la famiglia permette di acquisire familiarità con il piano e rende l'intero processo più naturale.
Simulare scenari differenti, come evacuazioni al buio o durante una finta emergenza con il gas, ti preparerà meglio a gestire eventuali complicazioni.

Un aspetto spesso trascurato dell'evacuazione è l'attenzione ai più vulnerabili, come bambini piccoli, anziani o persone con disabilità.
Se nella tua famiglia ci sono persone che potrebbero avere difficoltà a muoversi rapidamente, è essenziale pianificare in anticipo come aiutarle.
Potrebbe essere utile designare un membro della famiglia o un vicino per assistere specificamente queste persone durante l'evacuazione.
Inoltre, se hai animali domestici, includerli nel piano è altrettanto importante.
Assicurati di avere un metodo sicuro per trasportarli, come gabbie o trasportini, in modo che non si perdano o si feriscano durante l'evacuazione.
Le condizioni esterne possono influenzare notevolmente la strategia di evacuazione.

Se si tratta di un incendio, per esempio, non è sempre sicuro usare le scale o passare attraverso determinate aree della casa a causa del fumo o delle fiamme.
In questo caso, potrebbe essere necessario adottare una posizione di difesa passiva fino all'arrivo dei soccorsi, come chiudersi in una stanza e sigillare le fessure delle porte per impedire l'ingresso del fumo.
Anche le condizioni meteorologiche, come piogge torrenziali o venti forti, possono rappresentare un ostacolo, quindi è importante considerare vari scenari e adattare la strategia di conseguenza.
Un altro fattore chiave è la velocità con cui si riesce a lasciare la casa.
In alcune situazioni, come incendi o crolli, ogni secondo conta.
È fondamentale evitare di perdere tempo cercando di recuperare oggetti di valore o effetti personali.
La sicurezza della famiglia deve essere la priorità assoluta.

A tal proposito, è consigliabile tenere già pronte delle borse di emergenza vicino alle vie di fuga.
Queste borse dovrebbero contenere l'essenziale per sopravvivere nei giorni immediatamente successivi all'evacuazione, come acqua, cibo, una torcia, vestiti di ricambio e copie dei documenti importanti.
Avere una borsa pronta ti permette di agire velocemente senza dover pensare cosa portare con te.
Dopo l'evacuazione, il pericolo non è sempre finito.
Potresti dover attendere ore o giorni prima di poter tornare a casa, quindi è importante essere preparati anche per ciò che accade dopo l'uscita.
In caso di disastri naturali come terremoti o alluvioni, le strutture potrebbero non essere sicure per molto tempo e potrebbe essere necessario cercare rifugio temporaneo presso centri di emergenza o da amici e parenti.

In questi casi, la comunicazione è fondamentale. Avere un telefono cellulare carico o un caricabatterie portatile nel kit di emergenza ti permette di restare in contatto con i soccorsi e ricevere aggiornamenti cruciali.

Se la rete elettrica o telefonica non funziona, una radio a batterie o a manovella può essere di grande aiuto per ricevere informazioni dalle autorità.

L'evacuazione può essere una delle fasi più critiche durante un'emergenza, e ogni dettaglio deve essere pianificato in anticipo per garantire la sicurezza di tutti.

L'obiettivo principale è sempre quello di allontanarsi dal pericolo il più rapidamente possibile, mantenendo però un approccio ordinato e razionale. Pianificare, fare pratica e rimanere flessibili sono le chiavi per riuscire a gestire anche le situazioni più estreme senza mettere a rischio la propria vita o quella dei propri cari.

Capitolo 5: Kit di Sopravvivenza Essenziali

Prepararsi a un'emergenza non significa solo sapere come reagire e dove andare, ma anche essere equipaggiati con le risorse giuste.
Un kit di sopravvivenza ben organizzato è uno degli strumenti fondamentali per affrontare qualsiasi tipo di crisi. Che si tratti di un'interruzione di corrente prolungata, un disastro naturale o un'emergenza improvvisa, avere a disposizione tutto il necessario per superare i primi giorni è cruciale per mantenere la calma e la sicurezza. In questo capitolo, vedremo come creare un kit di sopravvivenza completo e funzionale, analizzando ogni elemento e spiegando perché è indispensabile.

Il cuore di ogni kit di sopravvivenza è composto da forniture basilari che coprono le necessità primarie: acqua, cibo, riparo, primo soccorso e strumenti per la comunicazione.

Una delle prime cose da considerare è l'approvvigionamento di acqua. Il corpo umano può resistere per giorni senza cibo, ma non può sopravvivere a lungo senza acqua.

Per questo motivo, è fondamentale includere almeno tre litri d'acqua a persona al giorno per almeno tre giorni. È consigliabile tenere bottiglie sigillate di acqua potabile, ma se lo spazio è limitato, una soluzione potrebbe essere includere pastiglie per la purificazione dell'acqua o un filtro portatile per renderla potabile in situazioni d'emergenza.

Anche il cibo non peribile è una componente essenziale del kit.

Idealmente, il cibo dovrebbe essere facile da conservare, nutriente e pronto all'uso senza la necessità di cottura.
Barrette energetiche, noci, carne essiccata e pasti in scatola rappresentano buone opzioni.
Ricorda di includere un apriscatole manuale, nel caso i cibi siano confezionati in lattine. L'importante è scegliere alimenti con una lunga durata e che richiedano poca o nessuna preparazione, in modo da poter mangiare in condizioni difficili, senza elettricità o strumenti da cucina.
Un altro elemento chiave del kit è il riparo.
In un disastro naturale come un terremoto o un uragano, la tua casa potrebbe non essere più sicura, e potresti dover cercare rifugio all'aperto.
Per questo motivo, nel tuo kit dovrebbero esserci tende leggere o teli impermeabili che possano essere utilizzati per creare un riparo temporaneo.

Coperte termiche di emergenza sono altrettanto importanti, poiché offrono isolamento in condizioni di freddo estremo e possono essere vitali in caso di esposizione a basse temperature.
Se lo spazio lo consente, includere un sacco a pelo caldo o una coperta in pile può fare una grande differenza.
Il primo soccorso è un altro aspetto critico di un kit di sopravvivenza.
Durante un'emergenza, ferite, ustioni o altri incidenti possono essere comuni, quindi avere a disposizione un kit ben fornito è essenziale.
Nel tuo kit di primo soccorso dovresti includere cerotti di varie dimensioni, garze sterili, bende elastiche, disinfettanti, forbici, pinzette e guanti sterili.
Aggiungi anche antidolorifici da banco, farmaci contro le allergie e medicinali di base come creme antibiotiche.
Se qualcuno nella tua famiglia ha condizioni mediche particolari, assicurati di includere anche le loro medicine e prescrizioni essenziali.

Oltre a questo, è una buona idea aggiungere una guida di primo soccorso per affrontare situazioni comuni come tagli, contusioni o fratture in modo sicuro.

Oltre alle forniture per la sopravvivenza fisica, la comunicazione è altrettanto vitale.

Durante una crisi, la rete telefonica potrebbe essere interrotta, e rimanere informati diventa difficile.

Una radio a batterie o a manovella ti permette di ascoltare gli aggiornamenti dalle autorità locali riguardo all'evoluzione della situazione e alle istruzioni per l'evacuazione o il ritorno a casa.

Anche un telefono cellulare con un caricabatterie portatile è indispensabile per mantenere i contatti con i servizi di emergenza e con i familiari.

Se possibile, includi una power bank completamente carica nel kit per garantire una fonte di energia in caso di blackout prolungati.

Per quanto riguarda l'illuminazione, torce a batterie, lampade a LED o candele a lunga durata sono essenziali per affrontare la notte in sicurezza.
Le torce a manovella o alimentate da energia solare possono essere una buona opzione, poiché non richiedono batterie di ricambio.
Assicurati di avere anche un'accetta o un coltellino multifunzione, strumenti che possono rivelarsi utili per tagliare, scavare o creare ripari.
Un altro elemento da non sottovalutare è l'igiene.
Anche in condizioni di emergenza, mantenere un minimo di igiene personale aiuta a prevenire malattie e infezioni.
Il kit dovrebbe includere salviettine umidificate, sapone antibatterico, carta igienica, sacchetti per i rifiuti e un disinfettante per le mani.
Se possibile, includi anche mascherine chirurgiche e guanti usa e getta, soprattutto in caso di emergenze sanitarie o contaminazioni ambientali.

È importante ricordare che un kit di sopravvivenza non è una soluzione "unica per tutti".
Deve essere adattato alle esigenze specifiche della tua famiglia e al tipo di emergenza a cui potresti andare incontro.
Ad esempio, se vivi in una zona soggetta a terremoti, potresti voler aggiungere strumenti per rimuovere macerie o protezioni per il viso e gli occhi.
Se invece vivi in un'area soggetta a inondazioni, potrebbe essere utile includere giubbotti di salvataggio o sacchi di sabbia per prevenire l'ingresso dell'acqua in casa.
Infine, ricordati di controllare e aggiornare regolarmente il tuo kit.
Gli alimenti e l'acqua hanno scadenze, e anche alcuni farmaci o forniture mediche possono deteriorarsi nel tempo.
Imposta dei promemoria per verificare il contenuto del kit ogni sei mesi e sostituire qualsiasi articolo scaduto o danneggiato.

Essere preparati significa anche mantenere il kit in perfette condizioni, pronto a essere utilizzato in qualsiasi momento.
Il tuo kit di sopravvivenza è un investimento nella sicurezza della tua famiglia, e averlo pronto potrebbe fare la differenza tra essere protetti e trovarsi in una situazione di vulnerabilità durante un'emergenza. Prevedere ogni evenienza significa anche essere pronti a rispondere rapidamente e con le giuste risorse a portata di mano. Pianificare in anticipo ti permette di affrontare con serenità e sicurezza situazioni che, altrimenti, potrebbero essere disastrose.

Capitolo 6: Gestire le Emergenze Sanitarie

In un contesto di emergenza, la salute e la sicurezza diventano priorità assolute.

Tuttavia, durante un disastro, è possibile che l'accesso alle strutture sanitarie sia limitato o addirittura interrotto, e che le cure mediche professionali non siano immediatamente disponibili.

È quindi fondamentale essere preparati a gestire situazioni sanitarie comuni e potenzialmente pericolose.

In questo capitolo, esploreremo come affrontare le emergenze sanitarie domestiche con gli strumenti a disposizione, quali preparazioni è utile fare in anticipo e come mantenere la calma in situazioni critiche.

Avere un kit di primo soccorso completo è il primo passo essenziale per essere pronti a gestire una vasta gamma di emergenze sanitarie.

Un kit di primo soccorso standard dovrebbe includere garze sterili, bende elastiche, cerotti, disinfettanti, forbici, pinzette, guanti sterili e altri elementi di base per trattare tagli, abrasioni, ustioni e piccole ferite.

È consigliabile anche includere una selezione di farmaci da banco come antidolorifici, antistaminici per le reazioni allergiche, e farmaci per l'indigestione.

Anche se questi strumenti di base sono cruciali, un vero kit di emergenza sanitaria dovrebbe essere adattato alle necessità specifiche di ogni famiglia. Una delle prime cose da fare è tenere in considerazione eventuali condizioni mediche croniche o particolari esigenze sanitarie dei membri della famiglia.

Se qualcuno assume farmaci regolari, è importante avere una scorta sufficiente di tali medicinali, sufficiente per almeno una o due settimane, per far fronte a interruzioni dell'approvvigionamento. Questo è particolarmente importante per condizioni come il diabete, l'ipertensione o l'asma, che richiedono un monitoraggio costante e farmaci specifici.

Inoltre, è utile includere dispositivi medici di emergenza, come inalatori di riserva, siringhe per insulina e glucometri per il controllo della glicemia.

Le emergenze sanitarie durante un disastro possono variare da incidenti minori a situazioni più gravi come fratture, ferite profonde o shock anafilattici.

Sapere come reagire prontamente e con la giusta tecnica può fare la differenza. Uno degli aspetti più importanti è conoscere le procedure di primo soccorso di base.

Per esempio, sapere come applicare correttamente una fasciatura a una ferita sanguinante può prevenire un'infezione o un'emorragia e salvare la vita.

Le fratture richiedono l'immobilizzazione dell'arto colpito per prevenire ulteriori danni, mentre le ustioni devono essere trattate subito con acqua fredda e coperte con garze sterili per ridurre il rischio di infezione.
In caso di emergenze mediche più gravi, potrebbe non essere possibile raggiungere un ospedale o chiamare i soccorsi immediatamente.
È quindi utile avere accesso a risorse e conoscenze che possono aiutare a prendere decisioni rapide e consapevoli. Avere un manuale di primo soccorso a portata di mano è essenziale per chi non ha esperienza medica, ma è altrettanto importante seguire corsi di formazione sul primo soccorso prima che si verifichi un'emergenza.

Esistono molte organizzazioni che offrono corsi pratici su come affrontare situazioni come il soffocamento, la rianimazione cardiopolmonare (RCP) e altre tecniche salvavita. Queste competenze possono rivelarsi preziose quando i servizi di emergenza non sono immediatamente disponibili.

Durante un disastro naturale o un'emergenza prolungata, una delle maggiori preoccupazioni è la diffusione di malattie infettive.

L'igiene personale e la pulizia degli ambienti sono aspetti cruciali da mantenere, anche in condizioni difficili.

È quindi importante avere una scorta di materiali per l'igiene come sapone antibatterico, disinfettanti per le mani, mascherine e guanti.

Inoltre, è consigliabile disporre di un sistema per la gestione dei rifiuti e degli escrementi, in modo da prevenire la contaminazione e la diffusione di malattie, soprattutto in caso di interruzione dei servizi igienico-sanitari.
Un altro aspetto spesso trascurato, ma di vitale importanza, è il supporto psicologico durante le emergenze.
Le crisi non colpiscono solo il corpo, ma anche la mente.
Lo stress e l'ansia possono avere un impatto significativo sulla capacità di una persona di gestire una situazione di emergenza.
Trovarsi in una situazione di isolamento o affrontare la perdita di persone care o della propria casa può causare traumi emotivi.
Per questo motivo, è utile includere nel piano di emergenza delle tecniche per ridurre lo stress, come la meditazione o la respirazione profonda.

Inoltre, parlare apertamente con la famiglia e i bambini riguardo alle emergenze può contribuire a ridurre la paura e l'incertezza.

In alcune situazioni, potrebbe essere necessario evacuare immediatamente la propria abitazione a causa di un incendio, un'alluvione o un terremoto. In questi casi, è consigliabile avere pronto un "go-bag", un kit di emergenza facilmente trasportabile contenente oggetti di base per la sopravvivenza per almeno 72 ore.

Oltre ai farmaci, il go-bag dovrebbe includere copie dei documenti personali importanti, come carte d'identità, passaporti e certificati medici.

È inoltre utile tenere una lista di contatti d'emergenza con numeri di telefono di amici, parenti e servizi sanitari, per facilitare il contatto con loro in caso di necessità.

In conclusione, prepararsi alle emergenze sanitarie significa non solo avere a disposizione gli strumenti e le risorse necessarie, ma anche saperli utilizzare correttamente.

La prevenzione, la pianificazione e la formazione sono elementi chiave per affrontare qualsiasi crisi medica. Investire tempo ed energie nell'apprendere le tecniche di primo soccorso e nel creare un kit di emergenza ben equipaggiato ti permetterà di proteggere te stesso e la tua famiglia anche nelle situazioni più difficili.

Avere queste risorse a portata di mano e conoscere le basi del soccorso medico può fare la differenza tra un esito positivo e uno tragico in situazioni di crisi.

Capitolo 7: La Gestione delle Risorse Alimentari

In situazioni di emergenza, la gestione delle risorse alimentari è fondamentale per garantire la sopravvivenza e mantenere la salute e la forza fisica.
Durante un evento imprevisto come un disastro naturale o un'interruzione prolungata dei servizi, l'accesso al cibo può diventare limitato o addirittura impossibile.
È quindi essenziale prepararsi in anticipo, accumulando scorte alimentari adeguate e imparando come gestire e conservare correttamente tali risorse per un periodo prolungato.
Uno degli aspetti principali della preparazione riguarda la selezione dei cibi da conservare.
Non tutti i tipi di alimenti sono adatti a essere immagazzinati a lungo termine, quindi è importante scegliere prodotti non peribili che possano durare mesi o addirittura anni senza deteriorarsi.
Tra questi ci sono alimenti come legumi secchi, pasta, riso, farine, cereali, cibo in scatola e prodotti liofilizzati.

Gli alimenti in scatola, come verdure, legumi, zuppe e carne, sono particolarmente utili perché hanno una lunga durata e possono essere consumati senza bisogno di particolari preparazioni.
Anche i cereali integrali come riso, avena e grano saraceno sono ottimi per il lungo termine, perché forniscono energia e sono facili da cucinare.
È inoltre consigliabile conservare una selezione di cibi ricchi di proteine e grassi sani, come noci, semi e burro di arachidi, che sono ottime fonti di energia e nutrienti essenziali.
In caso di emergenza, il corpo potrebbe richiedere più calorie del normale a causa dello stress o dell'attività fisica, e questi alimenti ad alta densità energetica possono aiutare a mantenere le forze.
Inoltre, il consumo di grassi sani contribuisce a mantenere il benessere mentale e fisico, due elementi cruciali in condizioni di crisi.

Oltre alla scelta dei cibi, la corretta conservazione delle scorte è essenziale per evitare sprechi e deterioramenti.

Gli alimenti secchi e in scatola devono essere conservati in ambienti freschi, asciutti e privi di luce diretta. Le temperature estreme e l'umidità possono accelerare il processo di decomposizione o danneggiare le confezioni, riducendo la durata degli alimenti.
Utilizzare contenitori ermetici può prevenire l'esposizione all'aria e all'umidità, mantenendo fresche le provviste per periodi di tempo più lunghi.
Investire in contenitori di plastica o vetro di qualità può fare la differenza, poiché proteggono gli alimenti da muffe, insetti e roditori.
Una parte cruciale della gestione delle risorse alimentari durante un'emergenza è la pianificazione dei pasti.

Senza una pianificazione adeguata, si rischia di consumare più cibo del necessario nei primi giorni, lasciandosi senza scorte per il lungo termine.
È utile quindi suddividere le riserve alimentari in porzioni che possano coprire un certo numero di pasti per ciascun membro della famiglia, considerando sia le esigenze nutrizionali che quelle caloriche.
Una volta che le risorse sono state suddivise, può essere utile seguire una tabella di pasti che garantisca un consumo controllato e regolare del cibo.
Durante un'emergenza prolungata, potrebbe essere necessario preparare i pasti con attrezzature limitate o senza l'accesso a gas, elettricità o acqua corrente.
Per questo motivo, è importante avere a disposizione una fonte alternativa per cucinare, come un fornello a gas portatile, un barbecue o un fornello a legna.

Questi strumenti consentono di cucinare anche in caso di interruzione dell'elettricità.
Assicurati di avere sempre una scorta di combustibile per queste attrezzature, che si tratti di gas, legna o carbone.
Inoltre, può essere utile avere pentole e padelle resistenti, ideali per cucinare su fiamma viva o su altre fonti di calore non convenzionali.
Nel caso in cui le risorse alimentari a disposizione comincino a scarseggiare, è importante avere delle alternative.
Avere un orto domestico o un piccolo giardino può rivelarsi estremamente utile per produrre ortaggi e frutta fresca in autonomia.
Coltivare piante come pomodori, zucchine, erbe aromatiche o patate richiede relativamente poco spazio e, con la giusta cura, può garantire una fonte di cibo supplementare nel tempo.
Anche in spazi ristretti, come i balconi o le terrazze, è possibile creare mini orti utilizzando vasi o contenitori rialzati.

Avere delle riserve di semi e terriccio di qualità consente di far partire rapidamente un orto, anche in situazioni d'emergenza.

Se la disponibilità di acqua diventa un problema, la conservazione dell'acqua e la gestione delle risorse idriche sono essenziali per garantire che il cibo possa essere cucinato in sicurezza. Avere a disposizione acqua potabile e contenitori per raccoglierla può prevenire l'uso di acqua contaminata, che potrebbe portare a malattie.

Quando l'acqua scarseggia, è utile preparare pasti che richiedono poca o nessuna acqua per essere cucinati, come cibi in scatola già pronti.

È sempre importante mantenere una scorta adeguata di acqua, calcolando almeno 2-3 litri al giorno per persona, non solo per bere, ma anche per cucinare e mantenere l'igiene personale.

Infine, in una situazione di emergenza, l'elemento mentale gioca un ruolo importante nella gestione delle risorse alimentari.

Essere capaci di mantenere la calma e razionalizzare il cibo, pur evitando l'ansia e lo stress eccessivo, è fondamentale per affrontare una crisi con lucidità.

Anche in un periodo difficile, mangiare bene e nutrirsi correttamente aiuta a mantenere la salute fisica e mentale. Pianificare in anticipo, essere preparati e adottare un atteggiamento calmo e razionale sono gli strumenti migliori per gestire in modo efficace le risorse alimentari durante le emergenze.

Capitolo 8: L'Importanza dell'Acqua Potabile e la Sua Conservazione

L'acqua è la risorsa più vitale in qualsiasi situazione di emergenza. Mentre una persona può sopravvivere settimane senza cibo, senza acqua la sopravvivenza si riduce a pochi giorni. In tempi di crisi, disastri naturali o interruzioni di servizi, l'accesso all'acqua pulita e potabile può diventare rapidamente un problema.

Le fonti d'acqua potrebbero essere contaminate, e il sistema idrico locale potrebbe smettere di funzionare a causa di guasti, blackout o contaminazioni.
Essere preparati alla gestione dell'acqua è quindi fondamentale per garantire la sopravvivenza e la salute.
Uno dei primi passi da compiere è quello di avere una riserva adeguata di acqua potabile per ogni membro della famiglia.
Le linee guida suggeriscono di avere almeno 2-3 litri di acqua al giorno per persona, quantità che copre sia il fabbisogno per bere sia una minima parte per cucinare e igiene personale.
Se si vive in una zona soggetta a disastri naturali o con rischi di interruzioni dell'approvvigionamento, è consigliabile immagazzinare acqua sufficiente per almeno due settimane.
Le riserve possono essere conservate in bottiglie di plastica sigillate, taniche di grandi dimensioni o contenitori specializzati per la conservazione a lungo termine.

È importante controllare regolarmente queste scorte, sostituendo l'acqua che potrebbe diventare stagnante o contaminata.

Oltre alla quantità, è importante garantire che l'acqua immagazzinata rimanga pulita e sicura per il consumo. Conservare l'acqua in ambienti freschi e bui aiuta a prevenire la formazione di batteri o alghe.

I contenitori dovrebbero essere chiusi ermeticamente e sterilizzati prima dell'uso.

Se non si dispone di un sistema di immagazzinamento sicuro, l'acqua può essere trattata in modo preventivo con pastiglie potabilizzanti o con candeggina non profumata.

Aggiungere alcune gocce di candeggina (approssimativamente otto gocce per litro) può sterilizzare l'acqua e renderla sicura per il consumo.

Tuttavia, è importante utilizzare solo la candeggina giusta e non esagerare con le dosi, poiché ciò potrebbe rendere l'acqua tossica.

Oltre alla preparazione e allo stoccaggio preventivo, è utile conoscere metodi alternativi per ottenere acqua potabile in caso di emergenza.
L'acqua piovana può essere una preziosa fonte naturale, ma deve essere raccolta e trattata correttamente.
Utilizzare secchi, taniche o altri contenitori puliti per raccogliere l'acqua piovana è un modo efficace per avere un approvvigionamento aggiuntivo in caso di bisogno.
Tuttavia, anche l'acqua piovana potrebbe essere contaminata da sostanze presenti nell'aria o sulle superfici di raccolta, quindi è essenziale filtrarla e trattarla prima dell'uso.
Utilizzare filtri specifici per l'acqua o bollirla per almeno dieci minuti può eliminare la maggior parte dei batteri, dei virus e degli agenti contaminanti.
Un'altra fonte d'acqua può essere rappresentata dai corsi d'acqua vicini, come fiumi, laghi o ruscelli.
Tuttavia, l'acqua naturale non è sempre sicura da bere senza trattamento.

Anche se l'acqua sembra pulita, potrebbe contenere agenti patogeni, sostanze chimiche o metalli pesanti.
In questi casi, l'utilizzo di filtri portatili, come le cannucce filtranti o i sistemi di filtraggio a gravità, può garantire che l'acqua sia sicura per il consumo.
Esistono filtri avanzati che possono rimuovere particelle microscopiche e agenti contaminanti pericolosi, e questi strumenti dovrebbero far parte del kit di emergenza di ogni famiglia.
Anche qui, bollire l'acqua è una pratica antica ma efficace, che uccide la maggior parte dei patogeni e rende l'acqua sicura da bere.
Un aspetto cruciale della gestione dell'acqua in situazioni di emergenza è la conservazione.
In periodi di scarsità, l'acqua deve essere utilizzata con grande parsimonia. Ciò significa evitare sprechi e utilizzare l'acqua solo per attività essenziali, come bere e cucinare.

Ridurre al minimo l'uso per l'igiene personale e la pulizia può fare una grande differenza.
Ad esempio, lavarsi le mani con piccole quantità di acqua o utilizzare disinfettanti a base alcolica, invece di sapone e acqua, può preservare risorse preziose.
Anche il riutilizzo dell'acqua può essere una strategia utile: l'acqua utilizzata per cucinare, se non contaminata, può essere riutilizzata per scopi come pulire superfici o per l'igiene personale.
Se si possiede un giardino o un orto, l'acqua può diventare essenziale anche per la sopravvivenza delle piante e la produzione di cibo.
In questi casi, è utile adottare pratiche agricole che minimizzino il consumo idrico, come l'irrigazione a goccia o la raccolta dell'acqua piovana per irrigare.

Conservare l'acqua per le piante può essere un'opzione, ma è fondamentale dare la priorità alla propria sopravvivenza e non utilizzare più acqua di quanto sia strettamente necessario.
Infine, è essenziale essere consapevoli delle fonti di contaminazione che potrebbero compromettere l'acqua durante un'emergenza.
Gli eventi naturali come inondazioni, terremoti o incendi possono inquinare le fonti d'acqua locali con fango, detriti o sostanze chimiche pericolose.
In situazioni di crisi, è fondamentale evitare di utilizzare fonti d'acqua potenzialmente contaminate, a meno che non si abbia la possibilità di trattarle adeguatamente.
Ascoltare le comunicazioni ufficiali riguardanti la sicurezza dell'acqua è sempre la scelta migliore.
Tuttavia, in mancanza di informazioni, è meglio trattare tutta l'acqua come potenzialmente contaminata, adottando le misure necessarie per purificarla.

In conclusione, la gestione dell'acqua potabile in un contesto di emergenza richiede pianificazione, consapevolezza e disciplina.

Essere preparati a raccogliere, conservare e trattare l'acqua garantisce non solo la sopravvivenza, ma anche il mantenimento della salute in un momento di crisi.

La preparazione anticipata e l'uso razionale delle risorse idriche sono due fattori chiave che possono fare la differenza tra una situazione gestibile e una catastrofica.

Capitolo 9: Piani di Evacuazione: Come Lasciare Casa in Sicurezza

Essere preparati per abbandonare rapidamente la propria casa in caso di emergenza è un aspetto essenziale della preparazione generale.

Un evento imprevisto come un incendio, un terremoto, un'inondazione o una situazione di conflitto può richiedere un'evacuazione immediata, e avere un piano ben definito può fare la differenza tra lasciare in modo ordinato o essere colti nel caos.

Un piano di evacuazione ben congegnato deve includere non solo una chiara strategia su come abbandonare l'abitazione, ma anche una preparazione adeguata per affrontare i giorni successivi all'evacuazione.

Uno degli elementi principali di un piano di evacuazione è la conoscenza delle vie di fuga sicure.

In qualsiasi abitazione, è importante identificare in anticipo le uscite principali e alternative, e assicurarsi che siano sempre accessibili.

Se si vive in una casa a più piani, potrebbe essere utile avere una scala pieghevole da usare in caso di necessità per scendere velocemente dai piani superiori.

Questo strumento può essere essenziale soprattutto se le scale interne sono impraticabili o se un'uscita principale è bloccata.

Un altro aspetto chiave è avere una "borsa di emergenza" già pronta e facilmente accessibile, meglio nota come "go bag".

Questa borsa deve contenere tutto il necessario per sopravvivere per almeno 72 ore, periodo generalmente ritenuto critico in caso di disastri.

All'interno della borsa dovrebbero essere inclusi cibo non deperibile, acqua, una torcia, batterie di ricambio, un kit di pronto soccorso, vestiti caldi, una copia dei documenti importanti (sia cartacea che digitale), denaro in contante, articoli per l'igiene personale, una radio portatile e dispositivi di comunicazione.

È anche utile avere una mappa della zona e segnare i percorsi di evacuazione consigliati dalle autorità locali, in caso i sistemi GPS non funzionino.

Non meno importante è preparare un piano per riunirsi con i membri della famiglia in caso di evacuazione improvvisa.
In una situazione di crisi, i familiari potrebbero trovarsi in luoghi diversi, ad esempio a scuola, al lavoro o fuori casa. Avere un punto di ritrovo prestabilito, come una casa di amici o un'area sicura fuori città, permette di minimizzare lo stress e l'incertezza.
È consigliabile stabilire più di un punto d'incontro, nel caso il primo sia inaccessibile, e garantire che tutti i membri della famiglia siano a conoscenza di questo piano e abbiano i mezzi per raggiungere autonomamente la destinazione, se necessario.
La comunicazione durante un'evacuazione può essere difficile.
Le linee telefoniche potrebbero essere sovraccariche o i servizi di rete interrotti.

Dispositivi come walkie-talkie o radio a onde corte possono garantire un contatto costante tra i membri della famiglia, anche in assenza di segnali di telefonia mobile.

È anche importante avere una lista aggiornata di numeri di telefono di emergenza, inclusi quelli di amici, parenti, e autorità locali, e averli stampati nel caso si perdano i contatti digitali.

Se hai animali domestici, il loro benessere deve essere integrato nel piano di evacuazione.

Molte persone trascurano questo dettaglio, ma in una situazione di emergenza, avere una strategia per trasportare e prendersi cura degli animali è fondamentale.

Assicurati di avere una borsa separata con cibo per animali, acqua, farmaci necessari e un trasportino per portarli con te in sicurezza.

Oltre alla preparazione fisica, è fondamentale comprendere che durante un'evacuazione le emozioni possono essere travolgenti.

La paura, l'ansia e lo shock sono reazioni naturali, ma possono ostacolare la capacità di prendere decisioni rapide e razionali.

Per questo motivo, è utile esercitarsi regolarmente sul piano di evacuazione, così che ogni membro della famiglia sappia cosa fare senza dover riflettere troppo in un momento critico.

Fare delle prove periodiche permette di rilevare eventuali lacune nel piano e migliorare l'efficacia delle misure predisposte.

Quando si pianifica un'evacuazione, bisogna tenere in considerazione il tipo di disastro che si potrebbe affrontare. Ad esempio, in caso di incendio, è essenziale imparare a riconoscere i segnali di pericolo, come l'odore di fumo o il calore in aumento.

In queste situazioni, è cruciale mantenere la calma, tenere la testa bassa per evitare di respirare fumo tossico e uscire immediatamente seguendo le vie di fuga prestabilite.
In caso di alluvione, è importante non camminare in acque alte, poiché anche solo pochi centimetri possono causare il rischio di annegamento o trasporto da parte della corrente.
In caso di terremoti, invece, è utile sapere come proteggersi all'interno dell'abitazione prima di evacuare, evitando oggetti che potrebbero cadere e stando lontano da finestre e porte.
Dopo aver lasciato l'abitazione, è fondamentale rimanere informati sugli sviluppi della situazione. Le autorità locali e i mezzi di comunicazione saranno i tuoi principali canali per ricevere istruzioni su quando sarà sicuro tornare a casa o se sarà necessario spostarsi altrove.
Non tornare mai nell'abitazione finché non è stato dichiarato sicuro farlo.

Anche se la situazione sembra essersi stabilizzata, potrebbero esserci rischi invisibili, come danni strutturali, fughe di gas o cavi elettrici scoperti.
In conclusione, essere pronti ad evacuare la propria abitazione in tempi brevi richiede una preparazione dettagliata e una mentalità proattiva. Non si può mai prevedere quando un'emergenza colpirà, ma con un piano d'azione ben sviluppato, sarai in grado di lasciare casa in sicurezza e gestire l'incertezza del periodo successivo con più tranquillità.
La preparazione ti offre non solo maggiore protezione fisica, ma anche una sensazione di controllo e sicurezza, riducendo l'impatto emotivo e psicologico di un'esperienza potenzialmente traumatica.

Conclusione: La Preparazione è la Migliore Difesa
Viviamo in un'epoca in cui l'incertezza è una costante.

Disastri naturali, emergenze sanitarie, crisi economiche e altri eventi imprevisti possono colpirci senza preavviso, mettendo a rischio la nostra sicurezza, la nostra casa e il nostro benessere.
Tuttavia, come abbiamo esplorato in questo libro, la chiave per affrontare qualsiasi crisi non è la paura, ma la preparazione.
Essere pronti per qualsiasi evenienza significa più che accumulare riserve o elaborare piani d'emergenza.
È un impegno costante verso la protezione di sé stessi e dei propri cari.
Quando ci prepariamo, stiamo investendo nel nostro futuro e creando una rete di sicurezza che ci permetterà di affrontare le sfide con fiducia e resilienza.
Le emergenze non possono essere sempre evitate, ma il modo in cui rispondiamo a esse può fare la differenza tra subire perdite devastanti o emergere più forti.

La preparazione non è solo una questione materiale; è anche mentale ed emotiva. Attraverso l'organizzazione, l'apprendimento di nuove abilità e la pianificazione oculata, ci mettiamo nella posizione di controllare meglio gli eventi, piuttosto che esserne sopraffatti.
Sappiamo dove andare, cosa portare e come proteggere noi stessi e le persone che amiamo.
Abbiamo imparato che ogni dettaglio, dalla creazione di un kit di emergenza al saper gestire lo stress, gioca un ruolo fondamentale per navigare con successo le tempeste della vita.
Uno dei messaggi centrali di questo libro è che la prevenzione è sempre meglio della cura.
Non possiamo prevedere ogni minaccia, ma possiamo prepararci per affrontarla.
In un mondo in cui l'ingegneria climatica e altri fenomeni globali stanno rendendo il futuro più imprevedibile, adottare una mentalità proattiva diventa essenziale.

Non si tratta di essere paranoici o catastrofisti, ma di riconoscere che la vita può cambiare in un istante, e che avere un piano significa essere pronti per riprendere il controllo, anche quando tutto sembra fuori controllo.
La resilienza è una delle più grandi virtù che possiamo sviluppare.
Quando prepariamo le nostre case, le nostre famiglie e noi stessi per il peggio, ci stiamo dotando degli strumenti per affrontare le difficoltà con coraggio e determinazione.
Stiamo costruendo la capacità di rialzarci, qualunque cosa accada. È questo che fa la differenza.
Essere preparati non significa aspettare passivamente che arrivi un disastro, ma essere pronti a rispondere in modo rapido, efficace e con la mente lucida.
Il cammino che hai intrapreso leggendo questo libro è solo l'inizio. Ora hai le conoscenze e le strategie per proteggerti da una vasta gamma di scenari.

Quello che farai con queste informazioni dipende solo da te. Inizia oggi a implementare i piani, a costruire i kit, a praticare le evacuazioni, e a rimanere informato su possibili rischi.
Ogni passo che fai ti porta più vicino alla sicurezza.
Ricorda, la preparazione è un atto d'amore verso te stesso e verso chi ti circonda.
È una dimostrazione di responsabilità e consapevolezza, una dichiarazione che, qualunque cosa accada, tu sarai pronto.
Scegli di non lasciare nulla al caso e di investire in ciò che è più prezioso: la tua vita, la tua casa e le persone che ami.
Grazie per aver letto questo libro e per aver compreso l'importanza di essere sempre pronti.
Ora, è il momento di mettere in pratica tutto ciò che hai imparato. Non aspettare che l'emergenza bussi alla tua porta.

Prepara oggi il tuo domani, e qualunque cosa accada, sarai pronto ad affrontarla con coraggio e determinazione.
Buona fortuna e resta sempre preparato.
Simone Azzurri

www.simoneazzurri.com
www.andiamosulpersonale.com

www.ingramcontent.com/pod-product-compliance
Lightning Source LLC
Chambersburg PA
CBHW070410230526
45471CB00006B/2736